穿越千年的文化之旅

我们的传统美食

田 耕 编著

長江出版傳媒　长江文艺出版社　湖北九通电子音像出版社

图书在版编目（CIP）数据

我们的传统美食 / 田耕编著. — 武汉 ：长江文艺出版社，2023. 6
（穿越千年的文化之旅）
ISBN 978-7-5702-2573-6

Ⅰ. ①我…　Ⅱ. ①田…　Ⅲ. ①饮食 - 文化 - 中国 - 儿童读物　Ⅳ. ① TS971.2-49

中国版本图书馆 CIP 数据核字 (2022) 第 034238 号

我们的传统美食
（穿越千年的文化之旅）
Women de Chuantong Meishi
（Chuanyue Qian Nian de Wenhua zhi Lü）

责任编辑：黄海阔　叶丹凤
责任校对：刘慧玲
插图绘制：Dio 荻子
设计制作：至象文化

出　　版：长江文艺出版社　湖北九通电子音像出版社
发　　行：湖北九通电子音像出版社
地　　址：武汉市雄楚大街 268 号出版文化城 C 座 19 楼
邮　　编：430070
业务电话：027-87679391
印　　张：3.5
开　　本：787mm × 1092mm　1/12
版　　次：2023 年 6 月第 1 版
印　　次：2023 年 6 月第 1 次印刷
印　　刷：湖北新华印务有限公司
书　　号：ISBN 978-7-5702-2573-6
定　　价：30.00 元

目录

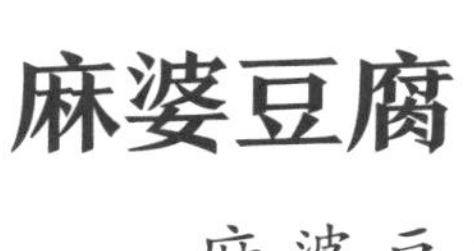

麻婆豆腐

麻婆豆腐属于川菜，是川渝地区的传统名菜之一，名扬海内外。其食材有豆腐、碎牛肉、辣椒和花椒等，具有麻、辣、鲜、香的特点，滑嫩的豆腐拌着饭吃，让人胃口大开。据说这道菜是一位饭铺老板娘发明的。她脸上有麻点，人称“陈麻婆”。

麻婆豆腐的故事

谁发明了豆腐?

西汉时期，淮南王刘安和他的门客一起炼丹论道。他们在用泉水、黄豆和石膏炼制丹药时，无意中发明了豆腐。

豆腐分南豆腐和北豆腐，这两种豆腐的口味和口感有所不同。南豆腐俗称嫩豆腐，北豆腐俗称老豆腐。麻婆豆腐一般用北豆腐，因为北豆腐不容易碎，而且里面有很多小孔，能帮助豆腐入味。

川菜之魂——郫县豆瓣酱

郫县豆瓣酱是川菜中常用的调味品。制作郫县豆瓣酱的原料主要是蚕豆和二荆条辣椒，据说是清朝初年移居四川的人舍不得丢弃发霉的蚕豆，无意中拌入辣椒才发明了豆瓣酱。

你知道还有哪些食物是用豆子做成的吗?

狮子头

狮子头是江苏、安徽等地流行的一道传统菜，是将肥肉和瘦肉加上葱、姜、鸡蛋等配料剁成肉泥，做成拳头大小的肉丸子，经清蒸或红烧而成。不论用哪种烹饪方法都很下饭。狮子头是淮扬菜的代表，它的来历据说和隋朝的一位皇帝有关。

扫码听

狮子头的故事

在古代，牛、羊肉的价格比猪肉的价格贵很多，普通老百姓只吃得起猪肉。明朝时有一位皇帝叫朱厚照，他不但姓朱而且生肖也是猪，因“朱”与“猪”同音，为此民间忌讳说“猪”字。这位皇帝还下达了“禁猪令”，禁止百姓养猪杀猪。不过，“禁猪令”只坚持了几个月便取消了，因为民间普遍都在养猪，而且举行祭祀典礼也要用到猪，想要禁止几乎是不可能的。皇帝只好将猪改叫彘（zhì）或豚。

据《东京梦华录》记载，每天有上万头猪被送入北宋都城东京（今河南开封），猪肉摊贩会宰杀这些猪，供普通百姓采买。

文思豆腐

淮扬菜是中国八大菜系之一，主要发源于淮安和扬州。

相比于其他菜系，淮扬菜十分讲究刀工。淮扬菜里有一道名菜——文思豆腐，是将软软的豆腐切到细如发丝，再放进水中烧煮，豆腐丝便会像菊花一样丝丝散开。

在唐朝以前，城市实行宵禁制度，夜里人们是不能在城里东游西逛的。到了北宋时期，人们可以在晚饭后散步，在夜市的饮食小摊之间流连，走累了就吃点美食，喝碗茶饮。

黏土制作狮子头

白切鸡

白切鸡是粤菜中比较常见的一道菜，其做法简单，味道清淡鲜美，深受大众青睐。据说这道菜是在无意中发明的。

中国养殖鸡的历史已经有五千多年，鸡一直是中国人餐桌上的重要食物来源。

白切鸡又叫作“白斩鸡”，最早出现在清代的民间饭馆里。之所以称其为“白斩”，是因为烹饪的时候不加调味，直接白煮，食用时随吃随切，再蘸上特制的虾子酱油，皮滑肉嫩，滋味鲜美。

闻鸡起舞

东晋时期，祖逖（tì）和好友刘琨（kūn）经常一起商量如何为国效力。一天半夜，祖逖被一阵鸡鸣声吵醒，于是叫上刘琨起床练习武艺。

斗鸡活动在古代甚为流行，唐玄宗李隆基就酷爱斗鸡。因为斗鸡“行业”兴盛，古时公鸡比母鸡贵得多。

古代农耕社会，普通人家没有钟表，只能根据公鸡的“生物钟”来确定大致时间。每到拂晓，鸡叫三遍，农民便纷纷起床干活。

佛跳墙

佛跳墙属于闽菜，是福建传统名菜的代表，其用料讲究，工序繁复，味道鲜美，营养丰富，为国宴中必不可少的菜品，享誉世界。相传清朝时就有了这道菜。

扫码听

佛跳墙的故事

一坛正宗的佛跳墙，食材名贵复杂，需要鲍鱼、海参、母鸡、鸽蛋、干贝、冬菇等主料，还有姜片、葱段、桂皮、绍兴黄酒等调料。
绍兴黄酒
看看福建人的年夜饭里有些什么菜，你能说出这些菜的名字吗？
扫码看
黏土制作海参、贝壳
秦汉以前，福建先民傍水而居，以海产品为主要食物来源。随着农业的发展，福建人的饮食品类大大丰富，逐渐形成了独具特色的闽菜菜系。

东坡肉

东坡肉是浙菜中的一道名菜，以猪肉为主要食材，菜色红亮，口感滑嫩，肥而不腻，色、香、味俱佳，深得人们喜爱。相传这道菜是北宋著名文学家苏东坡发明的。

扫码听

东坡肉的故事

扫码看

黏土制作东坡肉

苏东坡本名苏轼，号东坡居士，他不仅是文学家，也是公认的美食家，光以他的名字命名的菜就有东坡肉、东坡肘子、东坡鱼、东坡豆腐、东坡饼等，他的很多文学作品也和饮食有关。

相传苏东坡在黄州时，经常和西山的寺僧下棋。有一天，苏东坡下棋到深夜，觉得饿了，大师便叫小和尚去做点吃的。小和尚用泉水和面，炸成油饼给苏东坡品尝。苏东坡觉得这饼香甜酥脆，赞不绝口，之后每次来寺庙都让小和尚做给他吃，于是大家给这饼起名“东坡饼”。

黏土制作剁椒鱼头

剁椒鱼头

剁椒鱼头是湘菜中的一道名菜，菜品肉质细嫩，口感鲜辣。据说剁椒鱼头的来历可以追溯到清雍正年间，当时反清文人黄宗宪为了躲避官兵的追捕，来到了湖南一个小乡村，借住在一户农家。农户主人用自制的辣椒与鱼头蒸出一道菜给他吃，黄宗宪觉得非常鲜美。后来他回到家中，让家里的厨师将这道菜改良，于是便有了现在的“剁椒鱼头”。

辣椒原产于中南美洲，在明朝时作为一种观赏花卉被引入我国，现在已成为饭桌上常见的蔬菜和调味品。

古时候条件有限，鱼肉的烹饪方法大多是清炖、清蒸，或简单地用盐和梅子调味。

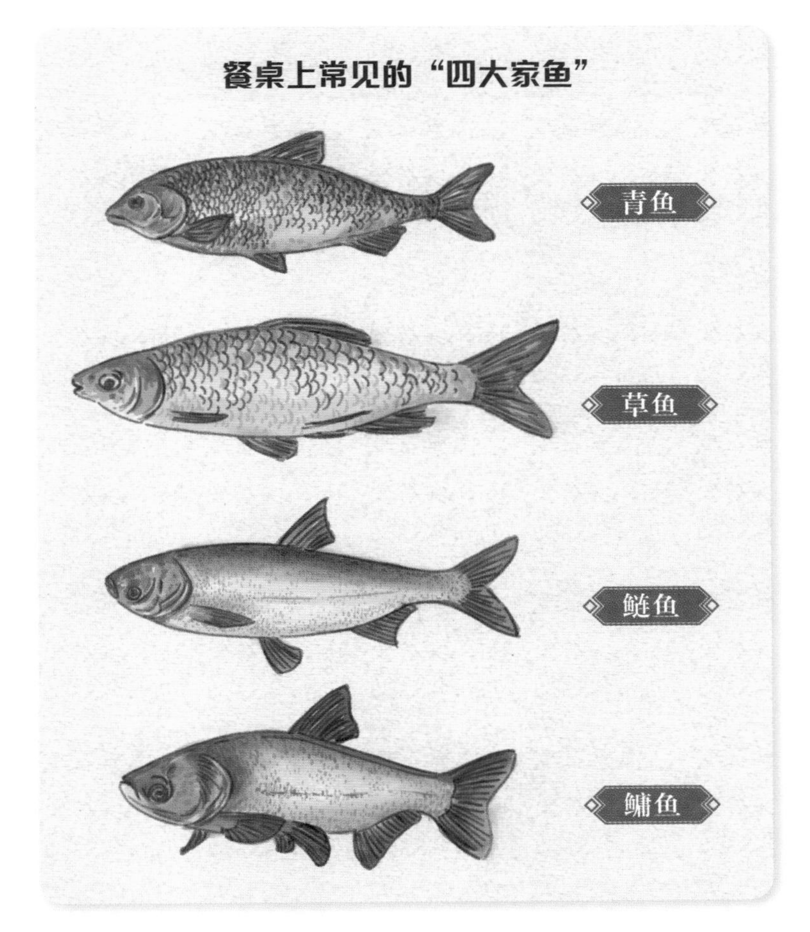

古时候，人们用弓箭射鱼、用鱼镖叉鱼或者撒网捕鱼，方法简单而且能捕到很多鱼。后来又开始用鱼饵钓鱼，随着捕鱼方法的增多，老百姓吃鱼变得特别方便。

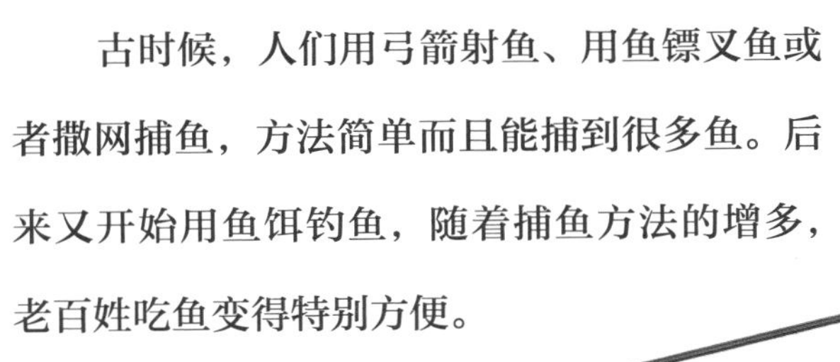

九转大肠

九转大肠是鲁菜中的传统名菜之一。清光绪初年，济南城内有家九华林酒楼，这家酒楼的厨师很擅长制作猪大肠，其中一道“红烧大肠”因色泽红润、肥而不腻广受大家好评。有一次，酒楼老板宴请地方绅士，众人吃了红烧大肠后赞不绝口。有个秀才为展示自己的才华，当即给这道菜改名为“九转大肠”。此后，九转大肠便成为九华林的招牌菜并流传下来。

在中国文化中，“九”不仅指数字九，还表示数量很多的意思，如“九霄云外”“九牛一毛”。“九”也是古代帝王常用的数字，皇帝用的东西多与“九”有关，如皇宫里的九龙杯、九龙椅、九龙扇等，甚至在皇宫大门上用于装饰的门钉都有纵横各九条，共九九八十一颗饰钉。

黏土制作九转大肠

鲁菜中的经典菜品

你吃过这些菜吗？你最喜欢哪道菜呢？

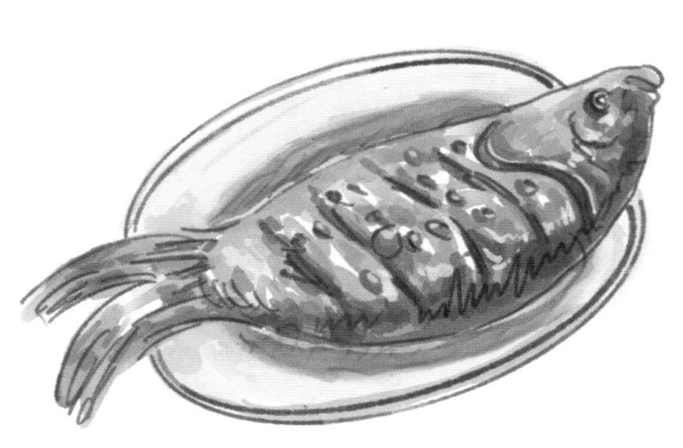
糖醋鱼

九转大肠

黄焖鸡

拔丝香蕉

一品锅

相传清朝乾隆皇帝到江南微服私访时，有一晚借宿在徽州的一户农家。

农妇忙前忙后，将家里所剩的菜都拿了出来，按先素后荤的顺序，一层层地铺在锅内，咕嘟咕嘟地煮了起来。皇帝吃了觉得十分美味，赞不绝口，便好奇地问这道菜叫什么。农妇回答：“我就是把菜弄进一锅煮熟而已，没有名字啊。”皇帝略加思索后便给这道菜赐名“一品锅”了。

西周时期的单人小火锅——有盘鼎

古代火锅

火锅是一种具有悠久历史的中国传统烹饪方式。在新石器时代，人们把以肉类为主的多种食物丢入陶鼎内，然后在底部生火将食物煮熟，这锅大杂烩在当时叫作“羹”，也就是火锅最早的形式。

千叟（sǒu）宴

千叟宴是清代宫廷中邀请各个阶层高龄老人参加的盛宴。乾隆年间，曾举办了两次千叟宴，也是历史上比较盛大的火锅宴。所有参加千叟宴的老人，除了可以在皇宫里美美地吃上一顿，接受王公大臣们的敬酒外，还可以得到皇帝御赐的银质养老牌。

汉代的“鸳鸯火锅”——分格鼎

唐三彩火锅

注重养生的乾隆皇帝

在封建社会，老百姓为了养家糊口疲于奔命，根本顾不上食物营养和保健，只有宫廷御膳才注重饮食养生。皇帝们既追求饮食礼仪，又讲究饮食养生，其实是希望获得健康的身体，延年益寿。

乾隆皇帝尤其注重膳食合理搭配，无论是日常饮食还是宫廷宴席，主食、副食、佐餐小菜等都是以五谷为主，搭配的荤素菜肴、瓜果点心、汤粥酒茶等都是易于消化和吸收的。

北京烤鸭

北京烤鸭是北京的特色名菜，色泽金黄油亮，外焦里嫩。把切好的鸭肉薄片蘸甜面酱放在薄饼上，加上大葱卷着吃，味道好极了。它的来历据说和明朝某位皇帝有关。

扫码听

北京烤鸭的故事

在古代，“鸭”与“甲”发音相近，“甲”寓意考试成绩第一，所以古时人们会赠送鸭子来祝福参加科举考试的学子金榜高中。

黏土制作北京烤鸭

商代时就有玉匠雕刻出了鸭形玉饰品。

鸭形香薰炉

宋代时，上至皇宫下到普通百姓家中都流行熏香，人们称这种鸭形香薰炉为“香鸭”。

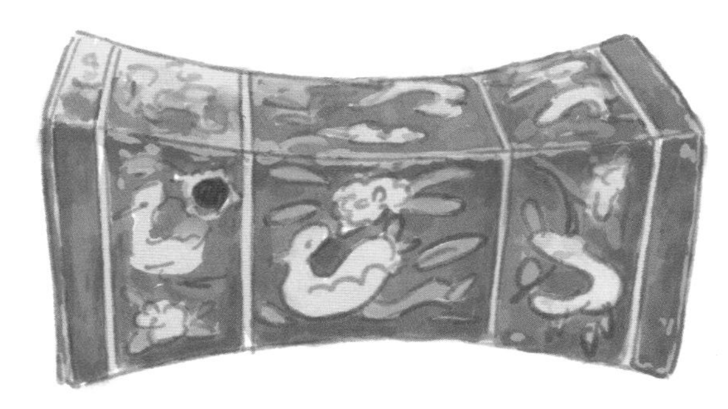

宋代以后，鸭纹成为瓷器的一种典型装饰纹样，就连瓷枕上都有可爱的鸭子形象。

沔（miǎn）阳三蒸

民间传说沔阳三蒸的起源和元朝末年的起义军领袖陈友谅有关。当时起义军攻破沔阳后，陈友谅的妻子亲自下厨，将肉、鱼、莲藕分别拌入大米粉，加上调料，用猛火蒸熟，蒸出的菜清香鲜美。将士们吃了美味的饭菜后，士气大振。

由于沔阳经常发生水灾，粮食的收成不好，为了让大米耐吃一些，蒸菜的做法就流传到了民间。人们将大米磨成粉拌入鱼虾、藕块、野菜蒸熟了吃，久而久之，蒸菜就成了湖北的传统名菜。

汈阳就是现在的仙桃市，位于湖北省中部美丽富饶的江汉平原，有“江汉明珠”之称。这里自古以来自然资源就十分丰富，有“鱼米之乡”的美誉。

汈阳三蒸到底是哪三蒸呢？

“三”在古代汉语中是虚数，是“很多”的意思。所谓的“三蒸”，其实是蒸禽畜、蒸水产和蒸蔬菜。

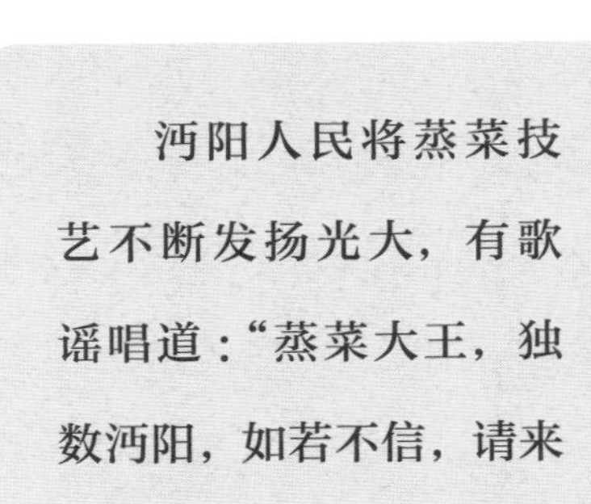

汈阳人民将蒸菜技艺不断发扬光大，有歌谣唱道：“蒸菜大王，独数汈阳，如若不信，请来一尝。”

汈阳湖畔的传说

古时候有一位叫缅伯高的使臣被派往唐朝进贡，他带了一批奇珍异宝，其中最珍贵的就是一只罕见的白天鹅。路过汈阳湖的时候，缅伯高把天鹅带到湖边喝水，谁知天鹅喝足水后飞走了，只留下几根洁白的羽毛。缅伯高没有办法，只好将羽毛献给唐朝皇帝，并说：“物轻人意重，千里送鹅毛。”后来人们就用“千里送鹅毛”来比喻礼物微薄而情意深重。

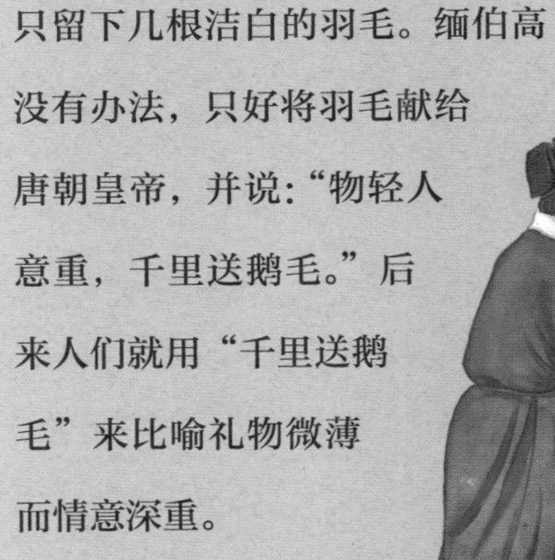

扫码听

羊肉泡馍的故事

羊肉泡馍

羊肉泡馍是西安的一道风味美食，吃法是将厚实的白色馍饼用手掰成一块块小丁儿，放进带有羊肉的汤中，馍吸收了汤汁，热气腾腾，十分美味。

据史料记载，羊肉泡馍是在羊羹的基础上演变而成的。西周时，羊羹曾被列为国君、诸侯才能享用的食物，多用于祭祀和宫廷御宴。

相传，战国时期中山国君宴请各位大臣，特地让厨师做了美味的羊羹，分给大家享用。但是很不凑巧，分到司马子期那里的时候，羊羹正好没了。司马子期感觉自己受到侮辱，一气之下跑去投奔了楚王，并说服楚王攻打中山国。最后中山国因为一碗羊羹而被灭国了。

四羊青铜方尊

商代的青铜器上大多刻有各种各样的动物纹饰，其中包括大量的羊形青铜器。有名的四羊青铜方尊是用来盛酒的礼器。

羊形烛台

在古代，人们会将烛台设计成羊的造型，是因“羊”与“祥”通用，羊即代表吉祥。猜猜看，蜡烛插在哪里？

亡羊补牢

从前，有个人养了一群羊。一天，他发现羊少了一只，原来羊圈破了个窟窿，夜间狼叼走了一只羊。邻居劝他说：“赶快把羊圈修一修，堵上窟窿吧！”那个人不肯接受劝告。第二天早上，他发现羊又少了一只。他很后悔自己没有听从邻居的劝告，便赶快堵上了窟窿。从此他的羊再也没有丢过。

汽锅鸡

汽锅鸡是云南的一道特色美食，因营养丰富、味道鲜美而受到大家欢迎。传说当年乾隆皇帝到云南巡视，知府发出布告征求佳肴，选中的赏银五十两。福德居的厨师杨沥（lì）为了赚钱给母亲治病，参照当地吃火锅和蒸馒头的方法，创造了汽锅，还爬到山洞口采摘燕窝，做出燕窝汽锅鸡应征。不料他精心准备的汽锅被偷走了，杨沥因此犯了欺君之罪。

幸好皇帝问清真相，免杨沥一死，还把福德居改名为“杨沥汽锅鸡”。从此，汽锅鸡名声大振，成为云南名菜。

汽锅是一种形状独特的陶质蒸锅。汽锅中间的洞可以使水蒸气流到锅里，把食物蒸熟，形成纯净美味的汤汁，还能保存食物本身的清新味道。

云南因自然地理条件有利于植物生长，是我国天然药物资源最多的地区，被称为“药材之乡”。

云南地区少数民族的饮食器具大多用竹器、陶器、木器、树叶等天然材料制成，这些饮食器具的选择体现了他们适应环境、顺应自然的思想。

“滇”是云南的简称，滇菜就是云南菜，因为云南有很多少数民族，所以滇菜是中国菜中最有民族特色的菜系。早在春秋战国时期就出现了滇菜。汽锅鸡、曲靖羊肉火锅、金钱云腿、傣味香茅草烤鱼、大理夹沙乳扇等，都是云南菜的代表。

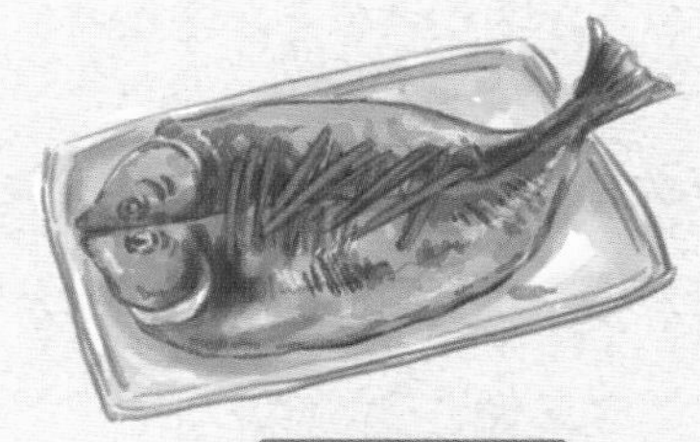

牡丹燕菜

相传武则天在执政时，尽心处理朝廷事务，天下太平。一位农民在自家菜地里发现了一个特别大的白萝卜，认为这是吉祥之物，就把它献到宫中。武则天一看很高兴，认为这是上天对自己的褒奖，于是命御厨用它做一道菜。御厨知道光凭萝卜做不出一道好菜，为了让武则天满意，他将萝卜切成细丝，再配上山珍海味，烹煮成汤羹，最后做出的菜让武则天赞不绝口。因为晶莹剔透的萝卜丝像极了燕窝，武则天为这道菜赐名“假燕菜”。从此不论王公大臣还是平民百姓，都用白萝卜来做“燕菜”。

由于这道菜起源于洛阳，而洛阳牡丹闻名天下，后来这道菜便被改称“牡丹燕菜”。

“牡丹燕菜”是一道独具风格的传统豫菜，就像一朵色泽鲜艳的牡丹花浮在水面上，里面主要有白萝卜、海参、鱿鱼、鸡肉。

你知道唐朝的冰淇淋叫什么吗？

答案：酥山

洛阳——千年帝都，牡丹花城

洛阳四面环山，地处盆地，常年很少下雨，因此人们饮食多用汤类，来抵御气候的干燥寒冷。

扫码看

黏土制作牡丹燕菜

唐朝的汤饼是什么？

唐朝的汤饼主要是水煮的实心面食，类似现在的面条。

酱梅肉

山西人自古以来都以擅长经商闻名。清朝时，山西有一位商人名叫常威，他一心一意学习经商，再加上他节俭勤劳，积累了大量财富，成为远近闻名的大富翁。常威上了年纪后就把生意交给儿子们经营，自己每天教孙辈们读书。

常威吃饭的时候，发现孩子们总是把菜盘中的肥肉挑出来丢在桌上。他不希望孩子们浪费食物，于是想出了一个办法。他发现肥肉蘸酱豆腐后吃起来一点儿都不腻，于是，他叫厨房每次做肉时加上酱豆腐一起蒸，蒸熟后夹在馍馍里或荷叶饼中，取名“酱梅肉”。这下孩子们再也不挑肥肉了。这种吃法很快就在山西传开，成了一道经典的山西特色菜。

山西山多土瘠，但煤、铁、盐等资源蕴藏丰富，自古以来，山西人便利用自然资源交换物资。到明清时期，商品交换范围逐渐扩大，山西商人走南闯北，贩卖食盐、马匹、茶叶、丝绸等，足迹遍布欧亚。晋商讲诚信，又十分团结，是当时国内实力雄厚的商帮之一。

山西老陈醋是中国四大名醋之一，被称作“天下第一醋”，以色、香、醇、浓、酸五大特征著称。山西的省会太原市正是醋的发源地，在三千年前就已经有了醋坊，到了春秋时期更是遍布市井，制醋、食醋已与山西人的生活密不可分。

山西的民间宴席，常用蒸的方法来做菜，讲究保留食物的原汁原味，其中流传最广的就是粉蒸肉、小酥肉和酱梅肉，这三道菜被称为“晋式三蒸”。

酱梅肉

小酥肉

粉蒸肉

腌笃鲜

腌笃鲜是江浙地区的一道名菜，也是上海本帮菜、苏帮菜、杭帮菜中具有代表性的菜式之一，是由春笋、鲜五花肉、咸肉一起煮成的汤，口味咸鲜，肉酥肥，笋脆嫩。它的来历据说和清朝的一位大臣有关。

腌笃鲜的故事

“腌笃鲜”的意思就是用咸肉、鲜肉来炖笋。这道菜虽然做法简单，但对食材要求很高，主要食材都取自江浙一带。

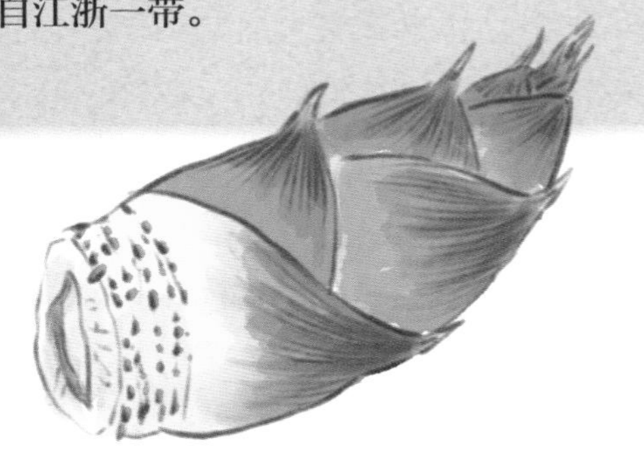

立春后采挖的笋，洁白如玉、鲜嫩爽口，被誉为“菜王”。

清代书画家金农曾为春笋写诗：

夜打春雷第一声，
满山新笋玉棱棱。
买来配煮花猪肉，
不问厨娘问老僧。

火腿是浙江金华的著名特产。宋朝的抗金将领宗泽是浙江金华人。一次，他将家乡腌制的猪腿进献给宋钦宗，猪腿肉色、香、味俱全，因为色泽鲜红如火，宋钦宗就赐名为“火腿”，从此火腿成了贡品。正宗的金华火腿是用金华“两头乌猪”的后腿制作的。

左宗棠是清朝晚期的政治家、军事家，他率军队成功收复新疆，还积极投身“洋务运动”，兴办一批军事工业和民用企业，对外国资本的入侵起到了一定的抵制作用。

三杯鸡

三杯鸡是江西的传统名菜，颜色酱红，口味醇香，吃起来滋味十足，是一道色、香、味兼具的经典美食。据说它的起源和文天祥有关。

文天祥是南宋末年著名的文学家和政治家。在国家危难之际，他率领部下奋勇抵抗元兵，战败后被元兵俘虏，整整被囚禁了三年。其间，不论元兵怎样威逼利诱，文天祥都坚决不肯投降，也坚决不对元兵下跪。最后，文天祥视死如归，从容就义，终年四十七岁。

江西特产——宁都三黄鸡

江西宁都的三杯鸡非常有名，用的就是肉质鲜嫩、味道鲜美的宁都三黄鸡。三黄鸡是我国著名的肉用品种鸡，因羽毛黄、嘴黄、脚黄而得名，据说三黄鸡这个名字还是朱元璋御赐的。

三杯鸡到底是哪三杯呢?

三杯鸡烹制时不放汤水，仅用米酒一杯、猪油一杯、酱油一杯作为调料，故得名“三杯鸡”。

黏土制作小鸡

梅菜扣肉

梅菜扣肉属于客家菜，主要食材是梅菜和五花肉，梅菜吸油，可解肉的油腻，而肉又带有梅菜的清香，二者搭配得恰到好处，吃起来咸中带甜、肥而不腻。它的来历据说和苏东坡有关。

神话传说中梅菜是一位叫“梅仙姑”的仙女送到人间来的，所以人们叫它“梅菜”。梅菜是广东的特色传统名菜，历史悠久，在古代是献给皇帝的贡品，所以梅菜又被称作“惠州贡菜”。

宋朝时惠州非常荒凉，皇帝经常把罪臣流放到这里。苏东坡被流放到惠州时，生活很艰苦，但他一直乐观旷达，到处考察惠州的风物，对这片土地产生了深深的热爱之情，甚至为惠州的荔枝写下了一首千古流传的绝句：

惠州一绝

罗浮山下四时春，

卢橘杨梅次第新。

日啖荔枝三百颗，

不辞长作岭南人。

你知道梅菜扣肉的“扣”是什么意思吗?

扣肉的“扣”是指将肉蒸熟后，倒扣在碗或盘子中的过程。

大部分客家人本是生活在黄河流域的汉族，因为古代战乱频发，经常出现人口迁徙，所以就产生了客家这种远离故土而客居他乡的群体。

烤全羊

烤全羊是我国蒙古族、藏族、维吾尔族等少数民族喜爱的传统食物，也是他们招待贵宾或举行重大庆典盛宴时会准备的佳肴。据说它的来源和成吉思汗有关。

烤全羊的故事

蒙古族人烤羊肉的历史十分悠久，元朝史书中还详细介绍过“柳蒸羊”的做法：在地上挖三尺深的大坑，坑里用石块垒砌，在地炉中点火将石块烧红烧热，将羊肉放在铁网上，盖上柳枝放入坑中，然后用土覆盖封严，把肉烤熟。

烤全羊是诈马宴上必不可少的美食。诈马宴是古代蒙古族最为隆重的宫廷宴会，赴宴者需穿“质孙服”，即衣冠颜色完全一样的蒙古族服饰。宴会连开三天，每天都要换一次服装。

扫码看

黏土制作可爱的小羊

羊肉是温热补品，天冷的时候，吃些羊肉会感到暖和。在草原上生活的牧民们，个个身体强健，零下三十几度照样能牧马放羊，跟他们经常食用羊肉是有关系的。

篝火晚会是草原民众传统的欢庆仪式。相传在远古时代，人们为了庆祝外出打猎获得战利品，在用火烤熟食物的同时，会手牵手围着火堆跳舞以表达喜悦的心情。这种欢庆的形式一直延续到今天，就成了篝火晚会。